I0075743

L 27
br
34.201

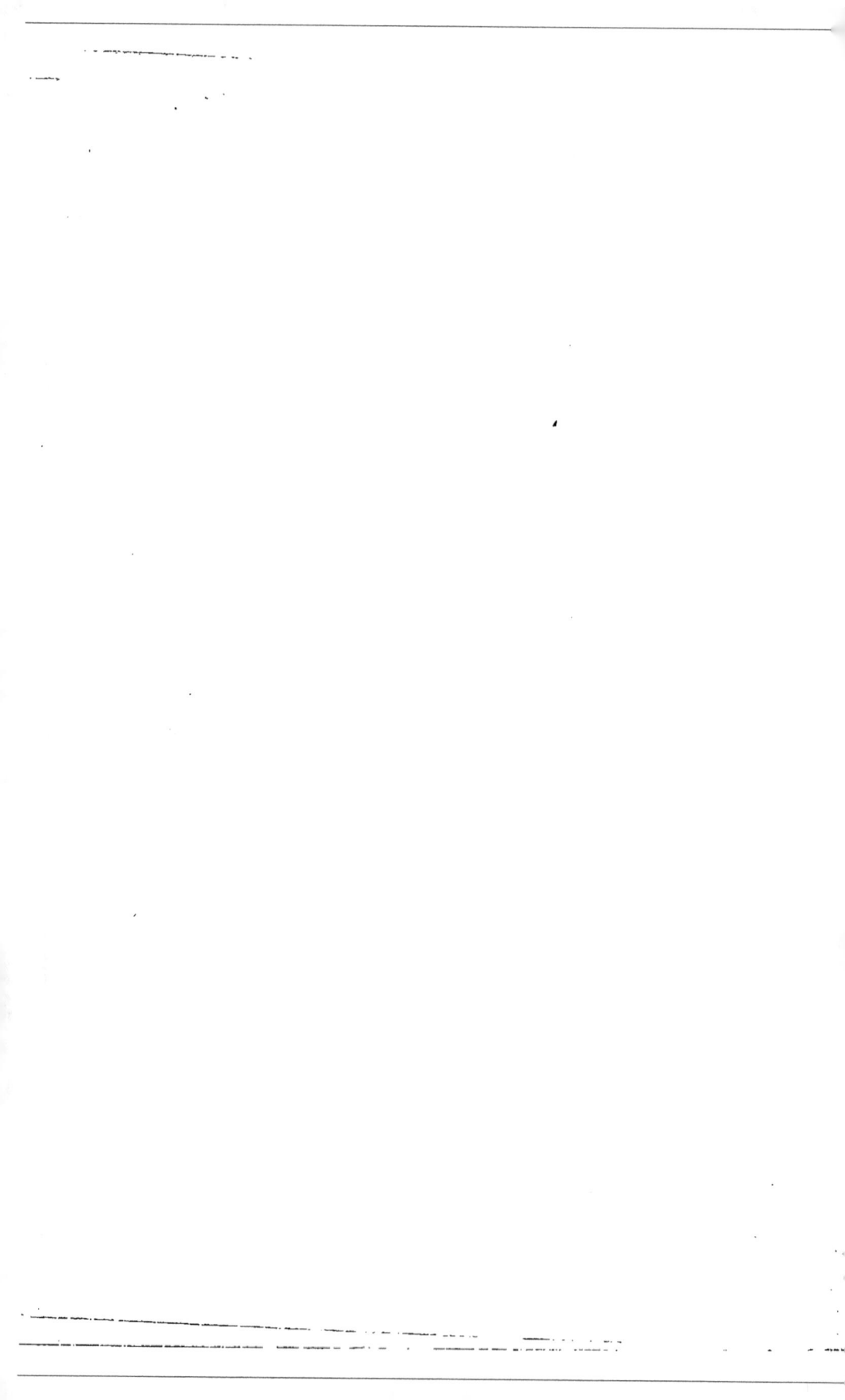

(Conserver la couverture.)

NOTICES

SUR

JOSEPH ET ÉTIENNE

MONTGOLFIER

INVENTEURS DES AÉROSTATS

Par M. le baron De GÉRANDO,

Secrétaire de la Société d'encouragement,

Et M. le comte BOISSY D'ANGLAS,

Membre de la Convention nationale,
Ancien pair de France.

In 27
34201

IMPRIMERIE GÉNÉRALE DE LYON

J.-E. Albert

30, rue Condé, 30

L 27
n
34201

NOTICE

SUR

M. JOSEPH MONTGOLFIER

Membre de l'Institut de France et de la Légion-d'Honneur,
l'un des Administrateurs du Conservatoire des Arts et Métiers,
Membre du Bureau consultatif des Arts et Manufactures près le Ministre de l'Intérieur,
et du Conseil d'Administration de la Société d'Encouragement,

Lue en séance générale, le 11 mai 1814

PAR

M. le Baron De GÉRANDO

SECRÉTAIRE DE LA SOCIÉTÉ

DÉPÔT LÉGAL
Rhône
n° 533
1883

~∽∿∾∽~

IMPRIMERIE GÉNÉRALE DE LYON

30, rue Condé, 30

—

1883

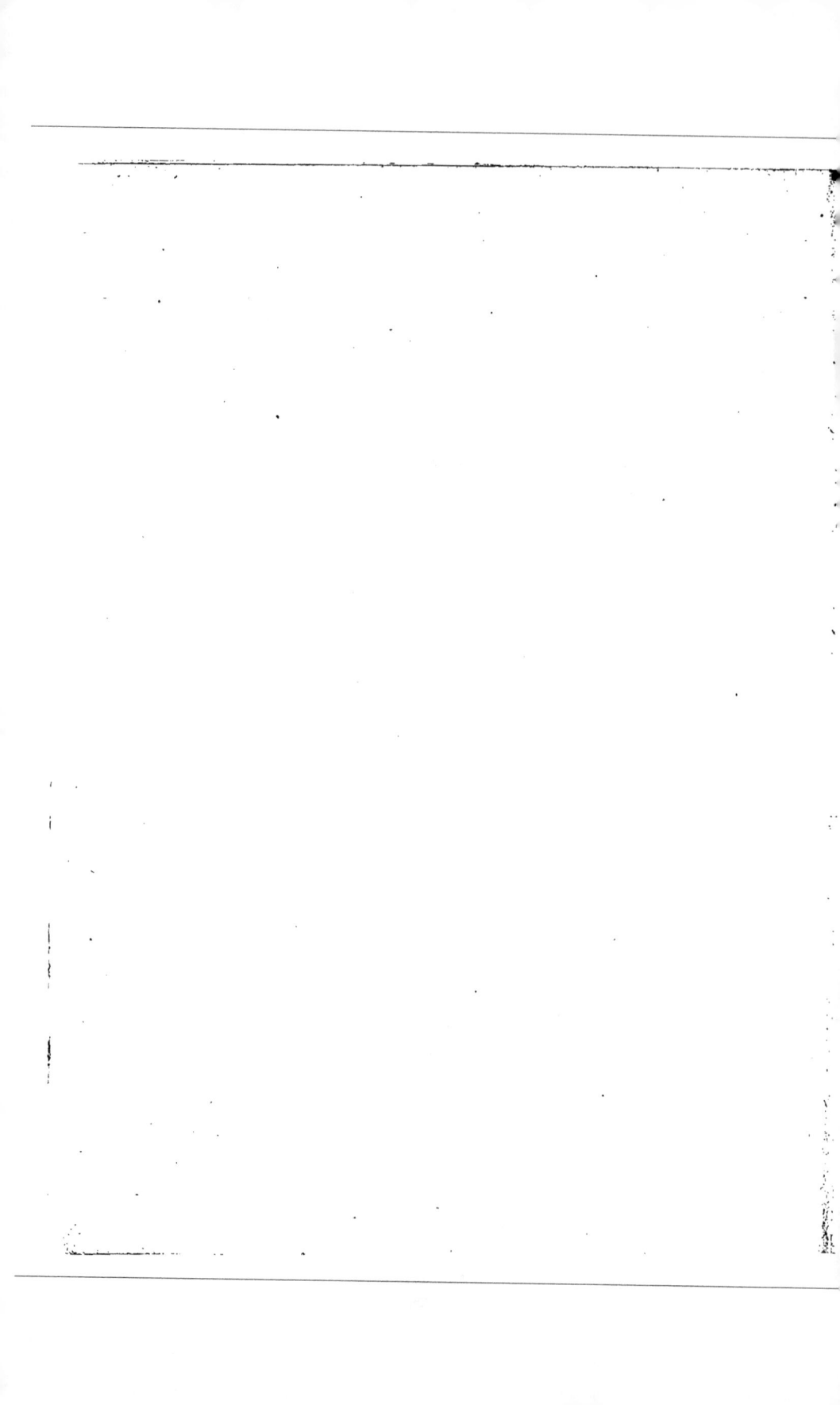

NOTICE

Sur M. Joseph MONTGOLFIER, *membre de l'Institut de France et de la Légion-d Honneur, l'un des administrateurs du Conservatoire des Arts et Métiers, membre du Bureau consultatif des Arts et Manufactures près le Ministre de l'Intérieur, et du Conseil d'Administration de la Société d'Encouragement.*

MESSIEURS,

Il y a déjà trois ans que *Montgolfier* n'est plus. Je regrette vivement de ne vous apporter qu'à une époque aussi tardive le tribut que je devois payer, au milieu de vous, à sa mémoire : des absences successives et prolongées m'ont donné ce tort involontaire ; mais il est des hommes dont la perte n'a pas besoin d'être encore récente, pour être vivement sentie ; c'est un privilége honorable accordé à la vertu, à une vie utile, que les regrets alors ne s'affaiblissent pas avec le temps. Le nom de *Montgolfier* appartiendra à l'histoire ; il comptoit des amis au milieu de vous, et son image nous sera toujours présente. Honoré moi-même de son amitié, comme je le fus de celle de notre collègue *Conté*, je

me vois appelé, pour la seconde fois, à soulager le senti-
ment de mon affection personnelle en servant d'organe à
nos communs hommages ; heureux du moins d'avoir pu
vous retracer, dans la vie de l'un et de l'autre, l'union d'un
caractère honorable et pur qui commanda l'estime, avec ce
génie fécond qui versa de nombreux bienfaits sur les arts!

Les relations particulières que j'eus avec *Montgolfier*
m'excuseront aussi près de vous, si je tente de vous pré-
senter une notice sur sa vie et ses travaux, lorsque le même
sujet a déjà été traité dans le sein de la première Société
savante de l'Europe, par l'un de ses plus dignes interprètes ;
c'est à ceux qui se sont élevés eux-mêmes aussi haut dans
la carrière des découvertes, qu'il appartient d'y marquer la
place aux autres. Ici, toutefois, dans une circonstance moins
solennelle et dont nos institutions ont écarté toutes les formes académiques, nous pourrons nous entretenir de la vie
privée de *Montgolfier*, comme au sein d'une réunion de famille, et votre affection donnera du prix au tableau fidèle
et simple de quelques détails personnels. Ici, encore, nous
pourrons recueillir quelques vues de *Montgolfier* sur les arts,
qui n'appartiennent point au domaine des sciences, mais
qui recevront, dans vos mains, des applications ou des dé-
veloppements utiles.

Les deux considérations principales que je me propose,
dans cette notice, sont d'ailleurs plus étroitement liées entre
elles, qu'il ne paroîtroit au premier abord. Le caractère de
Montgolfier, son genre de vie, ses habitudes, la tournure

de son esprit, ont exercé une influence marquée sur ses travaux ; et, en retraçant son portrait à ses amis, nous expliquerons aussi, en partie, le principe de ses découvertes à ses émules.

PREMIÈRE PARTIE

Les traits dominants du caractère de *Montgolfier* étoient une sorte de passion pour l'indépendance, une indifférence si absolue pour tout ce qui excite ordinairement les passions des hommes, qu'elle pouvoit passer, aux yeux des gens du monde, pour une nonchalance apathique ; un zèle si désintéressé pour le progrès des arts utiles, qu'il ne lui permît pas même d'y porter cet esprit de propriété qui nous rend jaloux de l'honneur de nos découvertes ; une espèce de singularité dans les mœurs, qui naissoit d'une bonhomie devenue presque étrangère à nos habitudes ; enfin, une force de méditation qui lui permettoit de concevoir et d'arranger dans sa tête les travaux les plus étendus, qui donnoit un cachet particulier à toutes ses vues, et qui, en concentrant toutes ses facultés dans l'effort qui crée les combinaisons, lui laissoit habituellement peu de facilité pour les résumer et en rendre compte ; comme si, n'empruntant rien au dehors, il n'eût rien pu restituer, de même, au commerce extérieur.

Adolescent, il fit seul sa propre éducation ; jeune, une

sorte d'instinct dirigea ses études ; dans toute sa vie, il ne dut rien qu'à lui seul. La célébrité le surprit, lorsqu'il ne songeait pas même à être connu. Trop indifférent à la gloire, il négligea de compléter ou de produire des résultats qui lui eussent donné de nouveaux titres à l'obtenir. Isolé, en quelque sorte, du monde, excepté sous le rapport de ses affections privées, il vécut presque exclusivement avec sa pensée. Il était singulier par simplicité, original sans le savoir. Son extérieur pouvoit faire naître une sorte de surprise chez les hommes superficiels qui apprenoient son mérite ; mais les habitudes de sa vie découvroient le principe de ce mérite lui-même, à ceux qui savent les voies secrètes par lesquelles se forme et s'élève le génie.

Il eut, si ce rapprochement m'est permis, il eut, dans la carrière des arts utiles, quelque chose que *Montaigne* porta dans celle de la philosophie, et *La Fontaine* dans celle des lettres.

Né le 26 août 1740, à Vidalon-lès-Annonay, *Montgolfier* appartenoit à une famille où régnoient des mœurs patriarcales, dont lui-même, à son tour, a depuis donné l'exemple ; où la vie étoit consacrée par le travail. La célèbre papeterie de son père avoit de bonne heure arrêté ses regards sur les combinaisons de l'industrie. Placé au collège de Tournon, il fut, malgré les soins des estimables chefs d'une école justement célèbre, rebuté de bonne heure par une étude méthodique, à laquelle se refusoit l'indépendance de son caractère, et peut-être aussi l'insouciance qui lui étoit naturelle. Il sembloit dès-lors ne pouvoir rien apprendre suivant les formes d'enseignement communes aux hommes. Il s'enfuit à l'âge de douze à treize ans, avec le projet de se rendre aux bords de la Méditerranée, dans l'espoir d'y vivre de coquillages. Il part à pied, passant les rivières à la nage, couchant en plein air, se dirigeant à travers champs, suivant la situation du soleil; mais le capital du voyageur se trouve bientôt épuisé; la faim le force de s'arrêter dans une métairie du Bas-Languedoc; notre écolier s'offre à cueillir de la feuille pour les vers à soie, se promettant d'avoir bientôt un trésor suffisant pour ses besoins; sa famille le découvre; il est ramené sous le toît paternel, moins dégoûté par les revers, que satisfait d'avoir tenté comment on peut obtenir son indépendance par le travail. Rentré au collège, engagé dans l'étude de la théologie, son dégoût s'accroît; un ouvrage élémentaire d'arithmétique que lui présente un colporteur de librairie, excite ses transports; il l'achète au prix de tout ce qu'il possède, le dévore; puis se trouvant sans guide, impatient de suivre les chaînes immenses dont il tient le premier anneau, se crée à lui-même une méthode de calcul, toute intellectuelle, méthode qu'il a exclusivement employée pendant tout le cours de sa vie, et à l'aide de laquelle il a résolu jusqu'aux problèmes de la géométrie transcendante.

L'impulsion de la nature a triomphé; *Montgolfier* a quitté le séminaire, est rentré dans sa petite ville; il s'y est entouré de quelques ouvrages de chimie et de physique; toutefois il se trouve importuné par les distractions ; et, comme s'il se fût cru jeté dans le grand monde, il déserte une seconde fois, se retire à Saint-Etienne en Forez, dans une petite chambre ; y vit du produit de la pêche ; se livre en liberté à ses rêveries ; tente des expériences de son choix ; fabrique du bleu de Prusse, et divers sels employés dans les arts. Les bourgs du Vivarais se rappellent encore l'avoir vu colporter les produits qu'il avait créés dans son atelier solitaire, où de simples vases de terre lui tenoient lieu d'appareils pour tous les travaux de la chimie.

Cependant, la renommée des savans dont Paris réunissoit les travaux, avoit frappé ses oreilles ; il désiroit les voir, les entendre, acquérir des connoissances de fait, auxquelles la seule méditation ne peut suppléer. Il vient dans la capitale, comme dans une grande et nouvelle école. Il étoit, comme vous le pensez bien, sans relations même commencées, sans lettres d'introduction auprès de qui que ce fût. C'est au café Procope qu'il se rend ; c'est là qu'il peut satisfaire son désir, sans être engagé dans des rapports de société. Toutefois quelques-uns de ces hommes distingués qu'il écoutoit avec avidité, mais dont il ne croyoit pas être observé, démêlèrent dès-lors en lui, sous un extérieur embarrassé, sous une enveloppe grossière, le germe d'un talent remarquable, et conçurent pour lui une estime dont il étoit bien éloigné de se croire digne.

Notre collègue fut bientôt arraché à ses goûts par ses devoirs. Rappelé auprès de son père pour le seconder dans la direction de la papeterie, il y porta des vues neuves, voulut y exécuter des améliorations ; mais trouvant trop d'obstacles à les introduire dans un établissement que gouvernoient des traditions converties en règles absolues, il désira pouvoir satisfaire, en un champ plus libre, le besoin de créer dont il étoit en quelque sorte tourmenté. Il s'unit à l'un de ses frères pour établir des manufactures nouvelles à Voiron et à Beaujeu ; là il put donner l'essor à ses combinaisons. Toutefois, moins occupé de ses propres intérêts que des progrès de l'art, s'il conçut avec habileté, il ne spécula pas toujours avec fruit ; non qu'il ait jamais commis d'erreurs dans ses calculs, non qu'il s'engageât, avec cette imprévoyance trop commune aux artistes de nos jours, dans des opérations dont il n'avoit pas aperçu toutes les difficultés et toutes les chances, mais parce que les frais d'une expérience nouvelle absorboient souvent les produits des succès dus aux précédentes (1). Il connut l'adversité, les privations ; il fut même, vous l'avez su, poursuivi, enfermé, sur la requête non d'un créancier, mais d'un débiteur, et par suite de sa bonté plutôt que de son imprudence. Je l'ai connu à cette époque de sa vie, je l'ai vu aussi serein et aussi calme dans cette situation, que lorsqu'il fut depuis entouré des applaudissements du vulgaire. Son âme se trouvoit natu-

(1) Son désintéressement s'est manifesté particulièrement dans ses règlements de comptes sociétaires : il s'élevoit de vives discussions pour savoir à qui n'appartiendroit pas telle part aux bénéfices..... Il trouvoit toujours la sienne exorbitante.

2

rellemént, et sans effort, au-dessus des vicissitudes de la fortune. Les habitudes de sa vie l'affranchissoient de la plupart des besoins qui assujettissent les autres hommes; il opposoit à l'adversité plutôt de l'indifférence que du courage. Jamais homme ne fut plus égal à lui-même. Cette inaltérable tranquillité dont nous l'avons vu doué, naissoit de la liberté intérieure dont il savoit constamment jouir, et s'il m'est permis de dire ainsi, d'une sorte d'innocence de cœur qu'il conserva toute sa vie; elle étoit moins le fruit d'un empire héroïque sur ses passions, que d'une heureuse direction de son naturel qui ne leur permettoit pas de prendre l'essor.

C'est une chose fort extraordinaire, sans doute, que cet homme dont la modestie alloit jusqu'à un entier oubli de lui-même, cet homme jusqu'alors obscur et qui se plaisoit dans son obscurité, fut précisément celui qui tout à coup se trouva l'objet d'une sorte d'enthousiasme public, par l'effet de la seule découverte peut-être, dans l'histoire des arts, qui ait pu exciter ce transport dans l'esprit de la multitude. La renommée alla le saisir dans sa vie à demi sauvage, et l'offrir, malgré lui, aux regards de toute l'Europe. Plusieurs de vous l'ont vu, lorsque l'invention des aérostats répandit son nom de toutes parts, conserver toujours la même simplicité, n'éprouver aucune émotion, et ne pas s'apercevoir qu'il fût question de lui. Il laissa à son frère tout l'honneur de la découverte, sans penser même faire un sacrifice; il ne cherchа à en tirer pour lui-même aucune espèce d'avantage. La révolution survint : elle présentoit, en perspective, toutes les idées d'indépendance qui lui étoient si chères ; la popularité attachée à son nom sembloit lui ouvrir la carrière de l'ambition ; il resta étranger à toutes les fonctions publiques, et continua, dans la retraite, ses méditations silencieuses. Je me trompe, il ne resta pas oisif ; l'intérêt dû au malheur put seul le distraire ; il employa ses soins et son courage à sauver des victimes. Lorsque de brillantes espérances eurent fait place à de cruelles calamités, un gouvernement régénérateur s'annonça ; son regard cherchoit partout le mérite ; sa main couronnoit les hommes dont les travaux avoient honoré les sciences et les arts ; *Montgolfier* ne pensa point qu'il pût aspirer à être du nombre ; ce fut à son insu, sans qu'il l'eût provoqué, qu'un ministre, qui ne négligea jamais l'occasion de faire une bonne action, ni de récompenser un homme de mérite, l'appela aux deux fonctions qu'il exerçoit encore à sa mort. Vous l'avez vu n'oser point aller recevoir en public la décoration de la légion d'honneur, et s'étonner qu'elle lui eût été déférée ; vous l'avez vu douter seul de ses titres, lorsqu'il fut appelé au sein de l'Institut de France ; vous l'avez vu enfin, dans ce jour mémorable où le Premier Consul décernoit aux Tuileries les palmes de l'industrie, rester à l'écart dans l'embarras de la timidité, garder le silence, lorsque le chef de l'Etat, frappé de son nom, demanda si donc *Montgolfier* vivoit encore. On crut que *Montgolfier* alloit recevoir de brillantes récompenses ; il resta oublié, et seul n'en éprouva aucune surprise.

Montgolfier passa les derniers temps de sa vie dans l'exercice de fonctions utiles et assorties à ses goûts, revêtu de distinctions méritées, dans le sein d'une médiocrité conforme à son caractère, sans avoir recueilli, d'ailleurs, pour sa fortune, aucun fruit d'une carrière laborieuse, et sans même l'avoir cherché. Son intérieur fut le sanctuaire de la confiance et de la paix. Uni à une épouse respectable, qu'il avoit choisie dans le sein de sa propre famille, et qui se chargea de veiller pour lui aux intérèts domestiques, il trouva en elle une de ces âmes douces et pures qui jouissent dans l'oubli d'elles-mêmes, et il lui donna quarante ans de félicité sans lui donner un instant de peine. Il trouva dans son fils un disciple avide à saisir ses vues, appliqué à les réaliser, héritier de ses exemples comme de son nom. Il descendit lentement, mais sans effroi, dans le tombeau; sa mort fut calme comme sa vie, et son front vénérable n'annonçoit, à la dernière heure, que le repos de la vertu.

Quoique le sort ne lui eût jamais été favorable, il offrit, pendant toute sa carrière, le spectacle si agréable, mais si rare, d'un homme content. Personne ne fut jamais plus exempt de cette agitation inquiète, espèce de maladie morale, de fièvre cachée, irrégulière dans sa continuité, dont la contagion semble s'être emparée de notre âge, qui égare trop souvent le talent, fait avorter les productions par l'impatience de produire, trouble le succès par la crainte des rivalités, donne une sorte de caractère vénal à la science, en la rendant esclave de l'ambition, jette le désordre dans

les idées comme dans les sentiments, et fait heurter entre
eux les hommes qui étaient appelés à s'unir. Aussi, près de
cet homme honnête et paisible, éprouvoit-on une sorte de
bien-être qui donnoit à sa société je ne sais quel charme
attachant et secret. Il avoit, ce que beaucoup de personnes
n'ont pas soupçonné, beaucoup de finesse dans l'esprit,
mais tant de droiture dans le cœur, que, loin d'altérer
cette naïveté qui lui étoit propre, cette finesse d'esprit lui
donnoit seulement quelque chose de plus piquant. Il eût fort
bien manié la raillerie, pour peu qu'il eût eu de malignité ;
mais j'oserai dire, je me plairai même à dire qu'il étoit véritablement *bon homme,* quoique la frivolité et la corruption
aient cherché à jeter sur cette dénomination une sorte de
ridicule, aient presque fait prévaloir dans le monde une
sorte de sentence qu'il ne leur appartient pas de porter ; et
j'ai la confiance que vous vous associez à moi, lorsque j'honore un genre de caractère qui autrefois distinguait nos
mœurs, que prisoient nos aïeux, qui a plus de mérite aujourd'hui, par cela même qu'il semble disparoître, qui en-
tretient la sécurité dans le commerce de la vie, qui est l'an-
tidote du plus grand poison dans les choses humaines, la
vanité, et qui enfin obtient le premier des succès, celui de
se faire aimer sans y prétendre.

Et la bonhomie, en effet, qu'est-elle autre chose, sinon
la réunion d'une candeur parfaite, d'une constante sérénité
qui en est l'effet, d'une sincérité qui va jusqu'à l'abandon,
d'une rectitude qui ferme le cœur à la défiance, d'une sim-

plicité qui ne fut jamais corrompue par le moindre retour de l'amour-propre? La bonhomie a une grâce qui lui est particulière, un charme inépuisable, j'allois dire une sorte de jeunesse et de virginité morale qui ne se flétrit jamais. Si elle n'est pas le mérite, elle est comme le transparent qui le fait paroître et reluire ; si elle n'est pas la vertu même, qui s'exerce dans l'ordre des sentiments et des actions, elle est du moins comme une sorte d'image sensible de la vertu, que la nature se complaît à reproduire dans l'extérieur de l'homme de bien et sur la surface de la vie.

Cette qualité ne s'obtient pas, mais se conserve ; elle se conserve par la paix de l'âme et par un heureux affranchissement de tout ce qui seroit propre à la troubler ; et voilà pourquoi elle est ordinairement l'apanage des hommes habituellement préoccupés par de fortes conceptions ; voilà pourquoi elle est ordinairement accompagnée de ce que nous appelons *la distraction*, et qui n'est autre chose, au contraire, que l'impuissance d'être distrait des choses sérieuses par des choses frivoles. Cette distraction, puisqu'on la nomme ainsi, existoit au plus haut degré chez *Montgolfier ;* il demeuroit étranger au mouvement qui s'opéroit autour de lui. C'étoit en traversant les rues tumultueuses de la capitale, allant de la rue Saint-Martin au Ministère de l'intérieur, qu'il s'entretenoit dans les méditations les plus profondes. Comme ses regards n'apercevoient pas les choses du monde, sa mémoire se refusoit aussi à s'en charger, et plusieurs de vous ont remarqué, par exemple, qu'il n'avoit jamais pu réussir à retenir le nom de la ville de Versailles. Lorsqu'il s'était attaché à une suite d'idées, il la suivoit exclusivement pendant plusieurs jours, des semaines entières, sans interruption comme sans partage. On l'a vu partir de Paris pour aller visiter une manufacture à laquelle il étoit intéressé, saisir en route un problème, ne plus l'abandonner, et revenir après quinze jours, sans avoir rien vu de ce qui faisoit l'objet de son voyage. On l'a vu, après plusieurs heures d'une méditation profonde, pendant laquelle il étoit demeuré silencieux, immobile, s'évanouir tout à coup, comme épuisé par un effort intérieur. Il lisoit peu, n'écrivait point, pas même ses calculs ; il avoit dans la tête un grand nombre de formules qui y étoient à sa disposition ; les faits y étoient arrangés avec ordre. Il m'a dit qu'il aimoit beaucoup à être forcé d'attendre dans une cour, à une porte, parce que c'étoit alors qu'il réfléchissoit avec le plus de fruit ; et ce fut en effet à l'une des portes du Louvre, où il s'étoit assis par mégarde, croyant se trouver à l'entrée des séances de l'Institut, et en s'y oubliant une demi-journée, qu'il compléta sa découverte du bélier hydraulique. Il n'avoit point de goût pour l'algèbre ; il l'accusoit d'être une sorte de milieu épais et dense qui s'interpose entre l'esprit et la lumière des idées. « Je ne connois, « disait-il, qu'une seule manière d'apprendre une science ; « c'est de la créer. » Et c'est de la sorte en effet qu'il avoit tout appris.

Lorsque Buffon a dit que le génie n'est que la patience,

il a confondu le génie lui-même avec une des conditions
nécessaires à ses succès. Il faut sans doute qu'une force
soit constamment et pleinement appliquée, pour qu'elle
produise l'effet qu'on en peut attendre; mais cette continuité d'action n'est pas la force elle-même; elle la suppose
au contraire. L'exemple de *Montgolfier* nous enseigne tout
ce dont est capable une grande énergie de réflexion, développée avec persévérance et privée de presque tout le secours extérieur, dans les applications des sciences aux arts
utiles, c'est-à-dire, dans l'une des carrières où s'exerce le
moins ordinairement la puissance de l'esprit méditatif; il
nous enseigne que le savoir, dans aucun genre, ne suffit à
l'invention; qu'il faut s'être approprié les connaissances,
pour être capable d'en faire usage; que le silence est le
premier des maîtres, la solitude la première des écoles; que
les notions acquises ne sont que des instrumens stériles,
sans une puissance motrice qui les sache mettre en jeu. La
marche de son esprit l'avait conduit à se composer une sorte
de métaphysique des arts, qui n'était souvent intelligible
que pour lui-même. Toutefois remarquons bien que les
exemples des hommes supérieurs ne sont bons à suivre dans
toute leur étendue, que par des hommes doués aussi de
facultés semblables. Gardons-nous d'encourager la pré-
somption qui dédaigne l'étude, la bizarrerie qui croit tracer
de nouvelles routes, parce qu'elle s'éloigne des routes pra-
tiquées, la demi-science qui donne des trouvailles pour des
découvertes, les rêveries vagues, les conceptions incom-

plètes qui, faute d'être alimentées par une instruction solide, ne multiplient déjà que trop autour de nous l'essaim des hommes à projets. Nous devons convenir que *Montgolfier* négligea trop cependant la culture de son esprit ; que, vivant trop exclusivement en lui-même, et satisfait d'une sorte de contemplation abstraite et intellectuelle des idées auxquelles il s'étoit élevé, il s'attacha trop peu à les verser dans le fonds commun de la société. Il n'aimoit point à rédiger ; il falloit souvent qu'un autre vînt à son secours, pour rendre compte de ses pensées ; ce traducteur devoit quelquefois les deviner, plutôt que les saisir au milieu des digressions successives par lesquelles il se laissoit entraîner en conversant. Je fais cette observation, parce qu'elle nous explique les causes qui nous ont privé d'un grand nombre de travaux de notre collègue, et qui l'ont empêché d'en conduire plusieurs autres à leur dernier terme. Il croyoit avoir tout fait, quand il avoit conçu ; mais ici encore, vous trouverez une suite, et peut-être une exagération de ce désintéressement absolu qui étoit le trait le plus dominant de son caractère.

DEUXIÈME PARTIE

Je ne crois pas qu'on ait connu le premier motif qui le conduisit à la découverte des aérostats, et l'occasion qui la fit naître ; j'en donnerai le récit tel que nous le tenons de *Montgolfier* lui-même. Il se trouvoit alors à Avignon, et

c'étoit à l'époque où les armées combinées tentoient le siége de Gibraltar. Seul, au coin de sa cheminée, rêvant selon sa coutume, il considéroit une sorte d'estampe qui représentoit les travaux du siége; il s'impatientoit de voir qu'on ne pût atteindre au corps de la place ni par terre, ni par eau. « Mais « ne pourrait-on point y arriver au travers des airs? la « fumée s'élève dans la cheminée; pourquoi n'emmagasi- « neroit-on pas cette fumée de manière à en composer une « force disponible? » Son esprit calcule à l'instant le poids d'une surface donnée de papier ou de taffetas; construit, sans désemparer, son petit ballon, et le voit s'élever au plancher, à la grande surprise de son hôtesse et avec une joie singulière. Il écrit sur-le-champ à son frère *Etienne,* qui étoit pour lors à Annonay (1) : « Prépare promptement « des provisions de taffetas, de cordages, et tu verras une « des choses les plus étonnantes du monde. »

Nous nous retraçons encore, Messieurs, l'effet que pro- duisit dans le public, dès qu'elle commença à s'y répandre, la nouvelle de l'existence d'une machine avec laquelle on pouvoit s'élever à volonté, et sans danger, dans les airs. Elle exalte les imaginations; la capitale, les provinces en sont émues ; on veut répéter à l'envi cet essai ; on construit à la hâte des aérostats; une foule immense se porte autour de l'amphithéâtre où l'appareil est dressé; des hommes dis-

---

(1) La lettre existe encore et a été produite à l'Institut, à l'occa- sion de la nomination de *Joseph.*

tingués par leurs lumières ou leurs rangs se disputent l'honneur de s'embarquer dans la nacelle aérienne ; des milliers de spectateurs observent dans l'attente le gonflement du globe, son balancement, son départ, saluent avec des cris de joie son ascension majestueuse, suivent avec une avide curiosité sa marche au sein des nuages. Pour la première fois une expérience de physique devient un vrai spectacle pour la multitude, et acquiert tout l'éclat d'une fête populaire.

L'intérêt fut excité bien plus fortement encore à Lyon, lorsqu'on vit le modeste inventeur, sortant de la retraite où il avoit vécu ignoré, comparoître et s'élever lui-même avec le globe que ses mains avoient construit. Si *Montgolfier* sortit cette seule fois de son obscurité, c'est qu'il ne vouloit laisser à personne le mérite d'essayer cet art nouveau, du moment où l'essai paroissoit exiger non-seulement du courage, mais même quelque audace. Il est certain que peu de découvertes ont montré, d'une manière aussi sensible, aux yeux de l'ignorance elle-même, la puissance que le génie de l'homme exerce sur les forces de la nature. L'origine de la navigation sur les fleuves et les mers se perd dans l'origine des sociétés ; la navigation aérienne, quoique le principe en fût si simple, n'a commencé qu'à la fin du dernier siècle ; cependant, loin que *Montgolfier* s'exagérât le mérite réel de cette invention, nous l'avons entendu témoigner une sorte d'humeur sur ce qu'elle avoit attiré une attention bien supérieure à son importance véritable, du moins dans l'état actuel des choses. Il savoit que, parmi les progrès des sciences, ceux qui sont le plus remarqués ne sont pas toujours ceux qui étoient les plus difficiles à obtenir, mais ceux qui sont le plus propres à agir sur l'imagination du vulgaire; et quoi de plus propre à l'exalter, en effet, que la création d'un art nouveau qui sembloit conquérir à l'homme un domaine immense, le seul domaine qui, jusqu'alors, n'eût point été soumis à sa puissance? *Montgolfier* se plaignoit de ce qu'on avoit admiré cette invention avant de juger à quel point elle pouvoit devenir utile; et quoiqu'il eût conçu lui-même diverses applications auxquelles il espéroit la voir se prêter, il regrettoit de ne point y apercevoir encore de conséquences assez fructueuses : « C'est un instrument de plus, disoit-il; il faut « maintenant pouvoir s'en servir. » Il dut s'applaudir cependant de l'avoir fourni, lorsque MM. *Biot* et *Gay-Lussac* l'employèrent, dans leur ascension de l'an 1805, à des expériences aussi neuves que courageuses. Remarque bien glorieuse pour les sciences! Ce sont les voyageurs, conduits par leurs nobles inspirations, qui, dans tous les climats comme dans toutes les directions, ont porté le plus loin et le plus haut les pas de l'homme vers les régions ignorées ; et leurs généreuses courses ont surpassé partout, en persévérance, en audace, les entreprises de la cupidité et de l'ambition. *Montgolfier* sentoit que l'utilité des aérostats dépendoit surtout des moyens qu'on auroit pour les diriger ; mais il a souvent témoigné qu'il espéroit peu des nombreux efforts tentés pour y réussir. La masse de l'air lui paroissoit offrir trop peu de résistance, comparée à l'impulsion des vents, et « le volume de l'aérostat, ajoutoit-il, donne trop de prise « à ceux-ci pour pouvoir opérer une décomposition de mou- « vement dont les effets soient sensibles. A mesure qu'on « s'élève, la difficulté s'accroît. On ne peut comparer le « ballon au vaisseau dont le corps nage dans un milieu « très-dense, pendant que sa voilure reçoit à volonté plus « ou moins de vent ; on ne peut le comparer à l'oiseau qui « se meut, il est vrai, dans un milieu unique et homogène, « mais qui trouve dans ses ailes un levier capable de frap- « per une masse d'air plus considérable que celle qui est « déplacée par le volume de son corps, volume dont l'effet « est diminué encore, dans le vol, par la forme de l'oiseau « et la flexibilité de son plumage ; on ne peut enfin, par « des raisons analogues, le comparer au poisson qui, doué « d'un levier du même genre, se meut dans un fluide plus « tranquille, et qui peut maintenir mieux encore l'axe de « son corps allongé dans la direction de son mouvement. « Pour faire suivre à l'aérostat une diagonale qui déclinât « sensiblement de la direction du vent, il lui faudroit des « ailes ou des nageoires immenses relativement à son pro- « pre volume ; et ces accessoires ajouteroient trop au poids « de la machine, exigeroient une force motrice trop consi- « dérable dans son centre. » Toutefois il n'avoit pas né- gligé de rechercher les combinaisons les plus propres à ten- ter un essai utile ; il avoit imaginé de donner à l'aérostat la forme d'une lentille très-aplatie, maintenue par un anneau elliptique, solide, mais léger, et en bois creux, disposé horizontalement ; à cet anneau étoient fixées les cordes qui soutenoient la nacelle, et par conséquent qui portoient le lest du vaisseau aérien. Aussi longtemps que les cordes étoient également tendues, l'aérostat se soutenoit dans sa position naturelle, et son ascension ou sa chute, en temps calme, suivoit une ligne verticale ; mais, si le voyageur tiroit à lui quelques-unes des cordes sans raccourcir les autres, la grande lentille s'inclinoit vers son centre de gravitation, et présentoit alors au vent, comme la voile du navire, un plan incliné ; un petit gouvernail l'empêchoit de pirouetter sur elle-même, et déterminoit ainsi la direction de la marche (1). Il fit davantage pour réaliser, quelque énormes qu'en fussent les frais, un projet qui l'avoit beaucoup occupé, celui d'un aérostat dans de très-vastes dimensions ; celui qu'il avoit construit avoit 270 pieds de diamètre, et pouvoit enlever douze cents hommes avec armes et bagages ; il y dépensa 40,000 francs, mais n'eut point l'occasion de s'en servir. Il offrit cependant de le céder gratuitement au Gouvernement, pour en faire un emploi utile qu'il avoit indiqué. Enfin il avoit tracé le plan de l'aérostat du plus grand volume possible, avoit calculé son

(1) *Montgolfier* a exécuté ce projet dans de petites dimensions, tant pour la direction des ballons que pour celle des aérostats ; un essai en grand avoit même été commencé, et les pièces en existent encore.

étendue, ses limites, sa force. Le but de cette recherche étoit de rendre les siéges inutiles, et d'obtenir un succès plus assuré avec une moindre effusion de sang. Ainsi ses dernières combinaisons le ramenoient à la même pensée qui l'avoit engagé dans ce problème.

La première idée, le premier emploi des parachutes, sont également dus à *Joseph Montgolfier,* et nous devons d'autant plus réclamer cette priorité dans l'intérêt de sa mémoire, qu'il ne la réclama jamais pour lui-même, ni en cette occasion, ni en aucune autre. Des expériences publiques en furent faites à Avignon, avant celles qui eurent lieu à Paris. Les premières furent exécutées en présence du Vice-Légat et de concert avec M. *de Brante,* encore vivant. Un mouton fut jeté du haut des tours du palais, et reçu plusieurs fois sans accident par le peuple assemblé. Les premiers globes qui furent lancés par les deux frères, en Vivarais, étoient munis de cet appareil ; et depuis, lorsque *Joseph* s'occupa des moyens de diriger les aérostats, il les appliqua immédiatement aux parachutes.

Après avoir essayé ses premières expériences sur l'air atmosphérique, en captivant le gaz plus léger que lui, notre collègue s'attacha avec une bien plus grande ardeur et de plus hautes espérances à l'emploi de la puissance de l'eau. Le besoin d'élever ce fluide dans les cylindres de la papeterie de Voiron, fut la première occasion de ses recherches. Il avoit en général peu d'estime pour celles de nos machines qui sont mises en mouvement par les roues hydrauliques; il avoit évalué rigoureusement les èffets d'un grand nombre d'entre elles, et la déperdition de forces qu'elles éprouvoient; il en avoit imaginé plusieurs sur des principes neufs; il calculoit que la moins imparfaite voit dissiper, par le frottement et les pertes, la plus grande partie de sa puissance. Il désiroit pouvoir faire agir son moteur le plus promptement possible ; et voici quelle fut à peu près la marche de ses idées : le jet d'eau, au premier instant où il est mis en mouvement par l'ouverture du robinet, s'élance d'abord à une hauteur beaucoup plus grande que celle où il se maintient par la suite, plus grande que celle qui est marquée par le niveau du réservoir; si donc on pouvoit soutenir la première colonne d'eau au point où elle est parvenue, et renouveler cette première impulsion si énergique, au lieu d'abandonner le jet d'eau à lui-même, on porteroit réellement le fluide dans une région plus élevée que celle d'où il étoit parti. Imaginons donc une sorte de siphon dans lequel la branche par laquelle l'eau s'échappe représente le jet d'eau en question; plaçons-y une soupape qui soutienne l'eau qui s'est élancée, après lui avoir donné passage; en renouvelant alternativement le choc qui a produit cet élancement, nous obtiendrons plus que le niveau; nous y joindrons tout l'effet du mouvement acquis à chaque fois par l'accélération de la chute, et communiqué au dernier moment de cette chute à la colonne qu'il s'agit de soulever. Il donna à cette machine le nom de *bélier hydraulique,* parce qu'elle devoit sa puissance non point à la pression tranquille qui s'exerce dans les tubes libres par l'équilibre des colonnes mises en communication, mais au choc qu'elle produit, et à la répétition du jeu de cette espèce de marteau.

Ce fut en 1792 que le premier bélier hydraulique fut construit dans la papeterie de Voiron. *Montgolfier* se trouvant ensuite à Paris, s'attacha à perfectionner l'exécution de son appareil, à déterminer les circonstances dans lesquelles il peut être appliqué avec un avantage certain. Quoique cette découverte fût bien supérieure par son mérite et son importance à la première, non-seulement elle ne produisit pas le même éclat, mais elle n'eut ni un succès rapide, ni un succès général. Le préjugé avoit donné un caractère absolu à ce principe de l'hydraulique, d'après lequel un fluide se maintient toujours au même niveau dans les tubes qui se correspondent, en l'étendant à tous les cas possibles; et on ne pouvoit admettre que l'action d'une colonne pût suffire pour en élever une autre à une plus grande hauteur. Les savans eux-mêmes ont parfois aussi leurs préjugés; il en est qui, à la fin de leur carrière, veulent tracer le cercle de *Popilius* autour de l'enceinte dans laquelle ils ont eux-mêmes vécu. La possibilité de la découverte rencontra d'abord quelques contradicteurs. Lorsque ensuite l'évidence des faits eut triomphé, il s'éleva des doutes sur les applications. Tous les cours d'eau ne se prêtent pas en effet avec le même avantage au mécanisme du bélier hydraulique; souvent il ne peut être établi avec succès dans les rivières dont le courant est trop foible : toujours il exige que le volume d'eau destiné à imprimer le mouvement soit reçu en entier dans un tube dont les proportions sont nécessairement limitées ; toutes ces conditions n'avoient pas encore été fixées avec une précision rigoureuse ; il dut donc y avoir des essais infructueux. D'ailleurs, l'esprit humain n'aime pas les restrictions ; il veut une généralité absolue dans l'application des principes qui lui sont offerts ; il s'irrite de ne pas les voir se prêter également à toutes les hypothèses. Aussi le bélier hydraulique eut-il plus de succès dans les provinces éloignées, et dans l'étranger même, qu'autour de son inventeur ; mais ce succès, pour avoir été lent, n'en sera que plus durable, et quoique notre collègue eût laissé quelque chose à faire pour l'exécution de cet appareil, il n'en demeure pas moins vrai qu'il a résolu un des problèmes les plus étonnans de l'hydraulique, en fournissant le moyen d'élever l'eau à une hauteur indéterminée, avec une chute donnée, et de convertir un jet d'eau, jusqu'alors inutile, en un principe moteur d'une heureuse fécondité.

Montgolfier chercha à traiter dans les mêmes idées un troisième agent, le feu ; il conçut le projet d'un appareil qui eût pour moteur immédiat l'expansion du calorique combinée avec le principe de la puissance acquise par la chute ; il lui donnoit le nom de *pyrobelier*. Il pensoit que son emploi seroit vingt fois plus économique que celui des pompes à vapeur aujourd'hui connues. Il croyoit parvenir, avec la combustion de 2 livres de charbon, à représenter la journée d'un homme; il en a tenté un grand nombre d'essais avec des variations multipliées; il y a consacré des sommes assez fortes : cette pensée le dominoit constamment dans les dernières années de sa vie. Cependant il a eu le regret de ne pouvoir compléter sa découverte, et obtenir une exécution qui le satisfît pleinement. Il se plaignoit de ce que la théorie du feu n'étoit point encore assez avancée pour fixer la juste limite de cet agent abandonné à lui-même, et pour établir ainsi un rapport déterminé entre l'emploi de telle ou telle quantité de combustible et une certaine action mécanique. Contre son ordinaire, il a laissé sur ce sujet quelques notes écrites, qui aideront à retrouver la trace de ses idées. Son fils s'y est attaché avec ardeur; les nouveaux progrès qu'a faits depuis peu la théorie de la chaleur, par les travaux des savans, favoriseront ses efforts, et nous mettront sans doute à portée de juger dans leur développement les vues dont *Montgolfier* avoit conçu de si hautes espérances.

Le vide, qui a ouvert à la physique une si belle carrière d'expériences, s'offrit aussi à *Montgolfier* comme un agent applicable aux arts; il l'employa à la distillation et à la dessiccation. La méthode qu'il avoit suivie pour cet emploi est décrite dans les *Annales des Arts et Manufactures;* il le fit servir au polytypage par un procédé qu'il avoit imaginé de bonne heure, et qu'il a beaucoup perfectionné depuis : ses planches étoient coulées à une demi-ligne d'épaisseur.

On trouve également, dans les *Annales des Arts et Ma-*

nufactures, la description de son *calorimètre,* instrument qu'il imagina à Voiron, d'après le vœu des autorités locales, pour déterminer la qualité des différentes tourbes du Dauphiné. Plusieurs ateliers de la capitale emploient avec avantage le procédé qu'il avoit indiqué pour laminer, à l'aide du calorique porté à un assez haut degré, le plomb et les autres métaux, avec la plus grande facilité et dans les moindres épaisseurs possibles. Il avoit retrouvé, de lui-même, le projet d'une presse hydraulique, tel qu'il a été conçu par *Pascal,* sans savoir qu'il se rencontroit avec ce grand homme, et il l'avoit réalisé par une exécution complète dont il communiqua les détails à *Bramah,* pendant son séjour en Angleterre ; cet artiste, en prenant dans sa patrie un brevet d'importation, a solennellement reconnu les droits de l'inventeur français. Il avoit aussi exécuté, sans le connoître, le thermomètre d'*Amonton.* L'art de la papeterie lui doit l'introduction en France de la fabrication du papier vélin, et celle des cylindres hollandais, qui sont devenus ensuite d'un usage universel ; il lui doit la création ou le perfectionnement de plusieurs bons procédés de collage, l'apprêt du papier fin, et particulièrement celui qui est appelé *matrissage ;* une chaudière ingénieuse destinée à cuire et à lessiver en même temps la colle : chaudière dont le modèle est déposé au Conservatoire des arts et métiers, et qui pourroit servir également dans les ménages ; un instrument secret, construit en 1792, au moyen duquel un ouvrier peut fabriquer des papiers qui présentent des

dessins et des couleurs inimitables, et peuvent par conséquent être fort utiles pour prévenir la falsification des bil-
lets de banque et papiers-monnoie. Les *Annales de Chimie* ont donné, en 1810 (1), la description de son venti-
lateur pour distiller à froid, par le contact de l'air en mouvement, comme aussi celle de son appareil pour la dessiccation, à froid et en grand, des fruits et autres objets de
première nécessité, de manière à ce qu'ils soient conservés
sans altération, et puissent être rétablis ensuite dans leur
état primitif par la restitution de l'eau ; il vouloit dessé-
cher, par ce procédé, le moût de raisin, le vin et le cidre,
les rendre, après qu'ils eussent été ainsi réduits en tablettes
de petit volume, transportables à de grandes distances,
avec une grande économie. Il s'amusoit de cette idée ingénieuse, dont il croyoit qu'on eût pu tirer un parti assez
utile, et qu'il a essayée plusieurs fois, avec succès, pour
son propre usage.

Les registres du Bureau consultatif des arts et manufactures établi près du ministère de l'intérieur, les procès-

(1) Ces deux mémoires ont été rédigés par M. *Clément*, qui fut
l'ami de *Montgolfier*, ainsi que son associé, ou, pour mieux dire,
son auxiliaire, digne de ce double titre par son caractère et ses
lumières, qui eut la confidence de ses vues et concourut souvent
à leur excution. Je me fais un devoir de professer ici ma recon-
noissance envers M. *Clément* pour les précieuses notes qu'il a bien
voulu me remettre sur les travaux de son ami ; on ne pouvait les
tenir d'une source plus propre à commander la confiance.

verbaux des séances de votre conseil d'administration, le *Bulletin* de votre Société, renferment aussi un grand nombre d'observations, de vues, d'opinions qui appartiennent à notre collègue, mais qu'il falloit presque toujours solliciter de lui, tant il aimoit peu à se produire. Il étoit moins difficile quand il s'agissoit de donner un avis utile ; il se prêtoit avec empressement aux consultatations, communiquoit ses idées sans y attacher aucun esprit de propriété. Il a ainsi beaucoup livré, par de simples conversations, au commerce de la société ; et cette influence bienfaisante, qu'il étendoit sans réserve autour de lui, est un des plus grands services qu'il ait rendus aux arts, un des traits les plus honorables de son caractère, un exemple dont je ne saurois trop recommander l'imitation.

Dans ce résumé, trop imparfait sans doute, des principales méditations de notre collègue, vous aurez remarqué, Messieurs, qu'il en dut parfaitement le succès au soin qu'il prit de s'attacher essentiellement aux idées mères, qui renferment en elles-mêmes les germes d'une foule de développemens étendus. Il s'appliqua surtout à l'étude des grandes forces de la nature ; à la recherche des moyens propres à les captiver, à les *emmagasiner,* comme il avoit coutume de dire, et à régulariser leurs effets en les pliant à tous les genres de combinaisons. Le choix de ces conceptions fécondes qui se placent à la commune origine d'un grand nombre de ramifications, est le caractère distinctif du génie ; lui seul peut en pressentir toute la fécondité ; lui

seul peut rassembler toutes les conditions qu'elles suppo-
sent; c'est avec leur secours que, dans la sphère des arts
utiles, comme dans celle des beaux-arts, il ramène à l'har-
monie, par l'unité, les plus vastes combinaisons.

Me permettrez-vous, Messieurs, en terminant, de rap-
peler à quelques-uns de vous, de communiquer à d'autres
une circonstance qui n'est pas étrangère à notre institution,
et qui recommande plus particulièrement encore la mémoire de *Montgolfier* à nos affections? c'est la part qu'il eut
à la première formation de cette association qui nous ras-
semble. Une promenade à la campagne, où *Montgolfier* se
rendoit à pied avec quatre de ses amis, fut en effet la première occasion qui la fit éclore : leurs entretiens en firent
naître la pensée pendant la route ; elle fut saisie avec ardeur, discutée, développée; le projet, ou plutôt l'ébauche,
en fut dressée sur-le-champ, au milieu d'un repas frugal.
L'exemple de plusieurs institutions du même genre, et du
bien qu'elles ont fait en d'autres contrées, fondoit une juste
espérance ; mais ceux qui avoient conçu cette idée, peu
répandus dans le monde, n'avoient que la conscience de
leur zèle, et doutoient de leurs moyens pour former le fais-
ceau d'une réunion qui offrit à la fois et l'influence des lumières et une masse suffisante de ressources. Des hommes
estimables, plus capables d'y réussir, qu'on trouve toujours
empressés lorsqu'il s'offre du bien à faire, furent mis dans
la confidence, s'associèrent au vœu encore ignoré de quelques amis, et vos généreux efforts firent un établissement

durable de ce qui n'eût été que le rêve d'un petit nombre de gens de bien. On avoit compté sur l'esprit public, et cette attente ne fut point déçue; le Gouvernement lui-même arrêta un regard de bienveillance sur cette institution et en favorisa l'essor. En nous reportant aujourd'hui, après treize années, au berceau de notre Société, nous éprouvons une impression qui a quelque douceur; les sentimens qui en ont formé le lien, semblent établir, entre les membres qui la composent, des rapports plus étroits que ceux sur lesquels reposent ordinairement les réunions académiques, en lui donnant une sorte de caractère philanthropique, en la dirigeant vers un but d'intérêt national. La mémoire des hommes distingués que nous avons possédés, que déjà nous avons perdus, donne une nouvelle force à ces sentimens; nous unit par les regrets qu'elle nous laisse ; nous honore par la part qu'ils nous donnèrent dans leurs travaux, doit encourager nos efforts par les exemples qu'ils nous ont laissés, et devient ainsi pour nous un commun et précieux héritage.

7003 — Impr. Générale de Lyon, rue Condé, 30. — J.-E. Albert.

NOTICE

SUR

M. ETIENNE MONTGOLFIER

EXTRAITE DES

Etudes littéraires et politiques d'un vieillard

Par le comte **BOISSY D'ANGLAS**

IMPRIMERIE GÉNÉRALE DE LYON

30, RUE CONDÉ, 30

—

1883

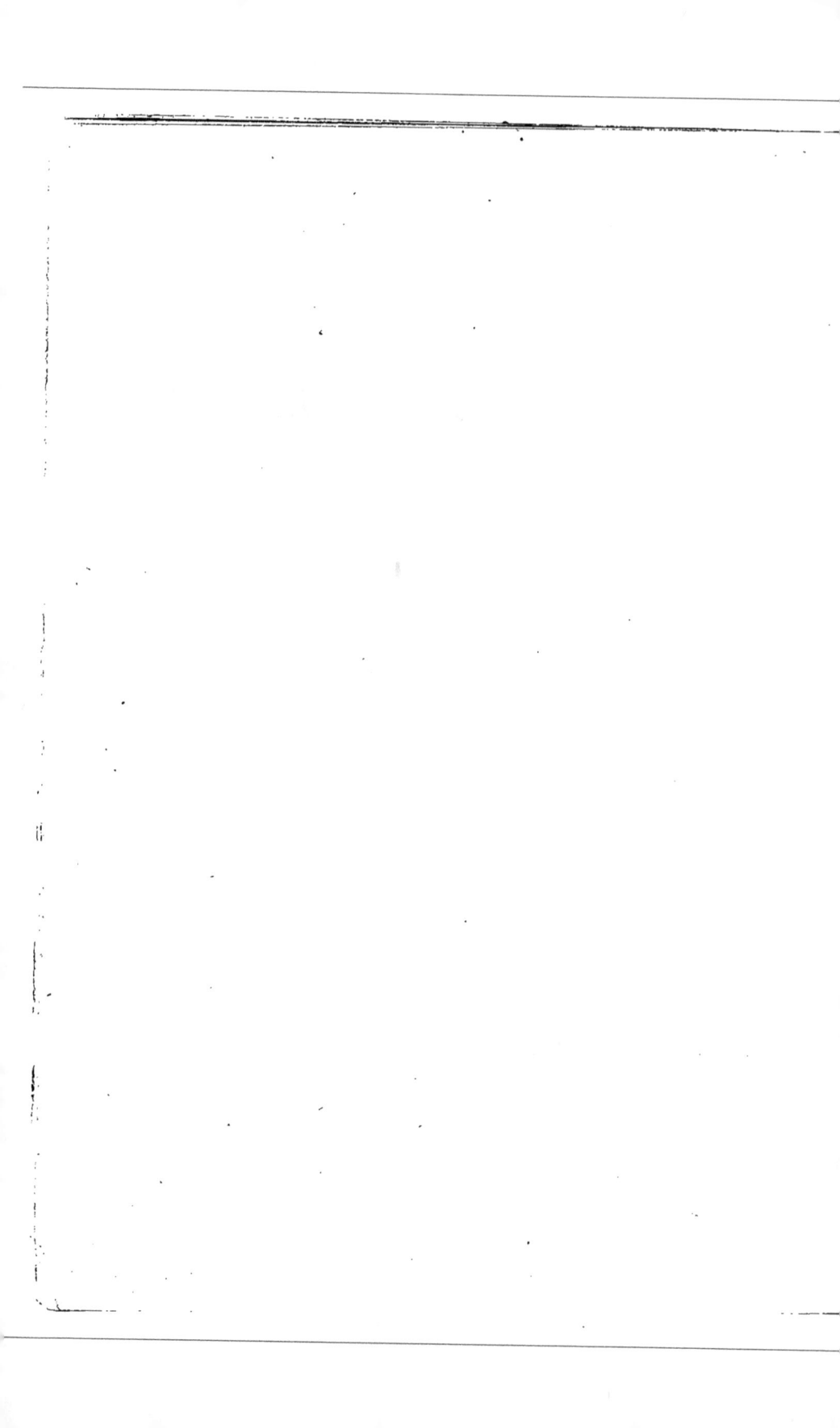

NOTICE

SUR

M. ETIENNE MONTGOLFIER

Etienne Montgolfier, chevalier de l'ordre de Saint-Michel, et correspondant de l'Académie royale des sciences, fut l'un des auteurs de la plus brillante découverte dont la France ait pu s'honorer ; et quoiqu'il ait réuni beaucoup d'autres titres à la reconnaissance et à l'estime publiques, c'est principalement à cause de cette admirable invention que la postérité conservera sa mémoire. Il naquit à Annonay, au sein d'une famille manufacturière, et connue depuis longtemps par son habileté dans l'art de la fabrication du papier. Tous ceux qui en faisaient partie n'étaient guère occupés, dès leur enfance, qu'à rechercher de nouveaux moyens d'industrie, soit mécaniques, soit chimiques, pour accélérer et pour accroître le perfectionnement de leurs travaux. Etienne Montgolfier joignit à cette éducation, pour ainsi dire naturelle et commune, qui le dirigeait vers les sciences, une instruction particulière qu'il vint acquérir à Paris, où il fut envoyé pour ses études, et où il fut placé au collége de Sainte-Barbe, d'où sont sortis tant d'hommes du premier mérite.

Il s'attacha principalement à l'étude des sciences exactes, et il y fit de rapides progrès : bientôt il se livra d'une manière exclusive à l'architecture théorique et pratique, et il existe, dans les environs de Paris, des églises et des maisons particulières, bâties d'après ses plans et sous sa direction, qui attestent tout à la fois et ses talents et son bon goût.

La mort d'un frère aîné le rappela dans la manufacture que son père dirigeait avec succès, en employant à ses opérations les talents et les efforts de ses autres enfants, réunis autour de lui avec leur famille, d'une manière absolument patriarcale. Etienne Montgolfier ne tarda pas à ajouter un nouvel éclat à leurs travaux, et le papier d'Annonay devint célèbre par ses soins et par ses découvertes ; il naturalisa en France ses papiers vélins, remarquables par leur éclat et par leur blancheur, et que les étrangers seuls avaient fabriqués jusqu'alors, mais avec moins de perfection. Il changea le mécanisme employé dans ses fabriques, y ajouta de nouveaux procédés plus économiques et plus utiles, inventa souvent lui-même des pratiques précieuses que les Hollandais, longtemps nos rivaux dans ce genre de création, connaissaient déjà, et enveloppaient d'un impénétrable mystère ; et s'il ne consomma pas à lui seul la révolution qui s'est opérée, vers la fin du dernier siècle, dans cette branche importante de l'industrie nationale, il y eut du moins une grande part.

Son frère, Joseph Montgolfier, qui fut le compagnon de sa gloire, s'associait à toutes ses méditations, était le dépositaire de toutes ses pensées, et lui communiquait toutes les siennes : c'était un homme supérieur, mais un peu bizarre dans ses conceptions ; il avait moins de savoir et moins d'instruction que son frère, mais il avait, plus que lui peut-être, ce génie qui, jusqu'à un certain point, peut se passer de science et qui invente ce qu'il ne sait pas : ainsi Joseph, par exemple, n'avait jamais appris que l'arithmétique et il faisait, de mémoire et sans écrire un seul chiffre, des calculs qui auraient effrayé les plus habiles calculateurs, bien qu'ils pussent y appliquer toutes les formules de leur science. Toutefois, ses idées avaient besoin d'être rectifiées par un esprit juste, méthodique et éclairé par l'étude, comme était celui d'Etienne : on peut dire qu'ils ne faisaient qu'un seul homme à eux deux ; et que l'un était toujours la faculté supplémentaire de l'autre : c'est ce qui explique comment la découverte qui les a rendus si célèbres, et même les découvertes, car ils en ont fait plusieurs que la brièveté de leur vie ne leur a pas permis de compléter toutes, appartiennent bien réellement à tous les deux (1).

(1) Particulièrement celle du bélier hydraulique, si remarquable et si heureusement employé pour l'élévation des eaux.

On a prétendu que le hasard avait été pour beaucoup dans celle des aérostats ; et l'on raconte même, à cet égard, des anecdotes dont je puis certifier la fausseté. Je n'examine point si le hasard n'a pas toujours influé, plus ou moins, sur les plus belles inventions du génie, sur celles particulièrement qui ont si fort agrandi la puissance de l'homme, et changé si rapidement la direction de l'esprit humain et celle des institutions sociales ; si la découverte de la boussole, de l'imprimerie, de la poudre à canon, surtout celle des lunettes astronomiques, n'ont pas été d'abord livrées aux méditations de l'esprit par le hasard ; et si la gloire de Newton a été moins grande parce que la pensée qu'a fait naître en lui la vue d'une pomme tombant d'un arbre, a été le fondement de son système... Mais je dirai que le génie n'en est pas moins admirable pour avoir saisi, parmi tant d'idées inutiles et destinées à ne rien produire, au lieu de la créer lui-même, celle qui pouvait, dans ses conséquences et dans ses résultats, devenir le principe et la base d'une grande et sublime découverte.

MM. Montgolfier pensèrent qu'il serait possible d'élever à une très-grande hauteur une masse d'un très-grand poids, en remplissant son intérieur d'un fluide plus léger ue l'air atmosphérique dont elle serait entourée, de telle sorte que, n'étant plus en équilibre avec lui, elle pût s'élever, par sa légèreté relative, comme une bouteille vidée surnage au-dessus de l'eau, étant devenue plus légère qu'elle. Ils n'eurent plus alors qu'à trouver ce fluide, et ce fut l'air intérieur lui-même, raréfié par la chaleur, qui le devint. Tel fut le principe de leur découverte ; principe simple et naturel, mais qu'on n'avait pas aperçu avant eux, ou que, du moins, on n'avait pas appliqué. Il se trouva juste dans l'application qu'ils en firent ; et leur première expérience publique eut lieu à Annonay, le 5 juin 1783, devant les députés aux Etats particuliers du pays, qui y étaient rassemblés, et un grand nombre de spectateurs. Elle fut couronnée du plus heureux succès. Un globe de toile doublé de papier, de trente-cinq pieds de diamètre, préparé par eux, portant avec lui un brasier enflammé, employé à continuer dans son intérieur la raréfaction de l'air atmosphérique qui le remplissait, et emportant aussi un mouton, s'éleva à une très-grande hauteur, et redescendit au bout de quelque temps, à plus de trois quarts de lieue du point de départ, sans que l'animal qu'il avait enlevé eût éprouvé le moindre accident, et lui-même la moindre avarie.

Après cette expérience si décisive, Etienne Montgolfier vint à Paris, pour en faire d'autres sous les yeux des savants les plus capables de l'aider à en étendre les résultats ; et il fut accueilli partout avec enthousiasme. On se rappelle la sensation que produisirent ses premiers essais dans cette ville si avide de nouveautés, et où l'on est si susceptible d'être frappé de tout ce qui a de la grandeur et de l'éclat. L'expérience qui en fut faite au château de la Muette, mit le sceau à sa renommée. Deux courageux amis des sciences s'associèrent à sa gloire en devenant les premiers navigateurs aériens qu'eût encore offerts l'espèce humaine; l'un fut le marquis d'Arlandes, l'autre ce malheureux Pilâtre de Rozier, qui périt depuis d'une manière si terrible. Partis des jardins de la Muette, ils traversèrent la Seine, et allèrent descendre paisiblement au delà de Paris, près de la route de Fontainebleau. Le roi voulut que ces expériences fussent répétées au château de Versailles afin d'en être le témoin, et leur succès ne fut pas moins grand que celui des précédentes...

Mais il manquait à cette merveilleuse invention le complément qui pouvait seul lui donner une grande influence sur toutes les combinaisons humaines, l'art de se diriger dans les airs. Les frères Montgolfier en firent le sujet de leurs études et de leurs essais ; ils ne le jugeaient pas impossible, et quelques combinaisons physiques et mécaniques qu'ils se proposaient de tenter, leur paraissaient pouvoir atteindre à ce but ; mais il fallait de nombreuses expériences, nécessairement dispendieuses, et leur fortune était médiocre : le gouvernement, qui les avait laissés presque sans récompense (1), leur avait accordé, après de longues sollicitations, quelques secours insuffisants et fort modiques ; ils les eurent bientôt consommés : on leur en promit d'au-

_____

(1) Le roi donna des lettres de noblesse au père des frères Montgolfier, le cordon de Saint-Michel à Etienne qui fait le sujet de cet article, et mille francs de pension à Joseph, son compagnon de gloire.

tres qu'on ne leur donna pas ; et la Révolution, qui survint durant le cours de leurs premières expériences, les
interrompit, et leur ôta les moyens de les continuer (1).

Cette découverte est un enfant qui promet beaucoup, di-
sait Franklin, en admirant ses premiers résultats, mais il
faudra voir quelle sera son éducation. Cette éducation, pour
me servir de la même expression que ce grand homme,
a été complètement négligée, et n'a été livrée qu'à des
empiriques dont le seul but a été d'en faire des moyens d'a-
musement et de spectacle pour les grandes villes et les
grandes fêtes.

Etienne Mongolfier trouva du moins dans sa célébrité
l'avantage de faire apprécier, par les hommes les plus honorables et les plus illustres de la fin du dernier siècle, ses
qualités personnelles, et d'en être chéri et honoré. C'était
un grand titre de recommandation auprès de M. de Ma-
lesherbes, que d'en être aimé. Vous êtes l'ami de M. de
Montgolfier, dont j'honore encore plus les vertus que le
génie, écrivait-il à l'auteur de cette notice ; et il croyait
d'après cela lui devoir de la bienveillance. Le vertueux
duc de la Rochefoucault, l'un des meilleurs citoyens de
France, dont le souvenir sera toujours cher aux hommes
dirigés comme lui par l'amour du bien et de la vertu, et

(1) Ils avaient construit un aérostat en soie, d'une très-grande
capacité et d'une forme lenticulaire, qui, en s'élevant et s'abais-
sant à volonté, par l'augmentation ou la diminution de la chaleur,
se rapprochait plus ou moins rapidement d'un point déterminé.

dont la mort fut un si grand crime, madame la duchesse d'Enville sa mère, l'illustre Lavoisier, Bailly, tous les membres de l'Académie des sciences, dont il fut le correspondant, le placèrent parmi leurs amis, s'honorèrent d'en porter le titre, et lui accordèrent une estime qu'il ne cessa jamais de mériter et d'obtenir. Il était impossible, en effet, d'être meilleur sous tous les rapports; d'être plus modeste, plus simple, plus généreux; de posséder une âme plus pure, d'être plus véritablement homme de bien.

Après la cessation de ses expériences si célèbres, il retourna dans sa demeure ordinaire, et reprit avec le même succès et la même activité qu'auparavant, les travaux de sa manufacture : la Révolution vint l'y menacer; heureusement l'union qui a toujours régné parmi les habitants de cette contrée, son éloignement du foyer des agitations en repoussèrent presque tous les maux. La considération dont il jouissait parmi ses concitoyens, l'attachement qu'avaient pour lui les nombreux ouvriers de sa fabrique, dont il était le bienfaiteur, la vénération qui environnait son père, âgé de plus de quatre-vingt-dix ans, le défendirent contre les effets de la délation et de l'arbitraire. Il avait été nommé, dès les premiers temps de la Révolution, l'un des administrateurs de son département; et ceux qui ont, ainsi que moi, partagé avec lui ces nobles et utiles fonctions, n'oublieront jamais les lumières qu'il y déploya, les grandes vues qu'il y fit connaître, son zèle pour le bien de son pays, son courage, sa fermeté et son inaltérable justice. Il fit regretter, par son honorable conduite, qu'on ne l'eût pas appelé à servir son pays sur un plus brillant théâtre.

Il mourut à cinquante-deux ans, des suites d'une longue maladie, regretté de tous ceux qui l'avaient connu, pleuré de ses amis et de sa famille, et l'objet de la vénération de ses concitoyens. Le gouvernement a ordonné, pendant que M. le comte Siméon était ministre de l'intérieur, que son buste en marbre ainsi que celui de son frère seraient faits par un habile artiste. Il en a fait don à la ville d'Annonay, pour être placés dans son hôtel de ville ; et les habitants de cette cité se sont réunis, par une souscription volontaire, pour élever, dans une de leurs places publiques, un autre monument à la mémoire de leurs deux illustres compatriotes. Ces honneurs étaient mérités sans doute, mais il est flatteur pour les admirateurs du génie et de la vertu, de voir que la patrie et le gouvernement savent honorer l'un et l'autre.

7197. — Imprimerie Générale de Lyon, rue Condé, 30. — J.-E. Albert.

74

www.ingramcontent.com/pod-product-compliance
Lightning Source LLC
Chambersburg PA
CBHW071333200326
41520CB00013B/2963